"Non so tutto quello che potrà venire, ma qualunque cosa sarà vi andrò incontro ridendo"

Herman Melville, Moby Dick

by Nico

Introduzione

Era una giornata bella, il mare luccicava, poco vento disturbava la quiete, navigavamo a circa venti miglia dalla costa, su di una profondità di 2000 metri, la motonave procedeva lentamente per cercare qualsiasi segno sulla superficie del mare che tradisse la presenza di un cetaceo, pinne, dorsi, splash di acqua e cosi via.

Poi, improvvisamente distante da noi sulla superficie del mare, una colonna di acqua bianca si lancia verso il cielo: "soffio!" grida la biologa di bordo, la nave accelera rapidissima, per raggiungere il più in fretta possibile il punto dove era stato visto il "geyser" a circa un miglio di distanza, si trattava di una balenottera comune, la mia prima balenottera comune, avevo quattordici anni.

Ancora adesso, dopo dieci anni, non riesco pienamente a descrivere le sensazioni di quella giornata, la prima balena della mia vita è stata un'emozione che non dimenticherò mai.

Ci avvicinavamo all'animale, 23 metri di mammifero si stavano ingrandendo verso di me, potevo vedere il soffio, il suo possente respiro un vero e proprio geyser verticale di circa 4 metri che si erge sopra il mare per poi dissolversi rapidamente come una nuvola che si sposta nel cielo. Approcciandoci ulteriormente riesco ad intravedere la sagoma: è incredibile, enorme, gigantesca, possente, non ci sono parole per descrivere a pieno l'emozione che suscita vedere un animale così grande, cosi vicino. Ci affianchiamo al cetaceo, è imponente il dorso scuro riflette la luce del sole è immenso lungo metà di tutta l'imbarcazione, nonostante la mole, la balena nuota con leggerezza e leggiadria, come se volasse nell'acqua, vedo il muso dell'animale che si avvicina alla superficie, rompe l'acqua mostra lo sfiatatoio e....*woosh!*, un fragore, un possente soffio si alza nell'aria creando un rumore unico, impossibile da descrivere a parole, vedo le due narici dell'animale sulla testa, prendono aria per poi sparire sott'acqua, la balena si inarca, mostra il suo dorso in tutta la sua grandezza, alza la pinna dorsale e poi....si immerge sparendo sott'acqua, lasciando sulla superficie un' "impronta" di acqua ferma, segno della spinta subacquea verso il basso.

Aspettiamo circa dieci minuti, con la barca ferma, immobile, nessuno a bordo deve fiatare, nessuno deve parlare, rimaniamo in attesa, ed ecco che improvvisamente....*WOOSH!*, un soffio potente si ode, la balena riemerge vicino alla barca, la osserviamo nuovamente in tutta la sua meraviglia e fascino, rimane in superficie per qualche minuto alternando momenti di nuoto con soffi potenti che si elevano nell'aria per vari metri, poi esattamente come aveva fatto prima sparisce nuovamente sotto i flutti blu.

La aspettiamo ancora una volta, poi la lasciamo andare, ci dirigiamo verso il porto, la giornata si volge al termine.

Rientrato ad Imperia non riuscivo ancora a crederci, avevo appena realizzato il sogno della mia vita: vedere una balena, ma era qualcosa di più, qualcosa che difficilmente riesco a descrivere a parole, non era solo un grosso mammifero marino, era lo spirito stesso del mare, il respiro dei flutti, la natura sotto forma di cetaceo, avevo provato un'emozione unica, come se la vita terrestre intera si fosse mostrata a me nella sua più nobile forma. Ed io ero lì, lì per vederla, ascoltarla, parlarle, comprenderla, una balena non è solo una balena è il riassunto di tutta la meraviglia del nostro mondo, è portatrice di vita, di emozioni di conoscenza di coscienza, la balena è quella creatura che porta con se il messaggio di cura e vita del nostro pianeta, niente di meno che la vera essenza del nostro mondo.

Inizio a comprendere cosa ho visto, la meraviglia che ho osservato, chiamo tutti i miei parenti a casa per raccontare quello che avevo contemplato, ancora con le lacrime agli occhi per l'emozione, racconto del mio incontro, della balena che a sua volta aveva incrociato me, avevo quattordici anni, questa era la mia prima balena, che non dimenticherò mai più.

Eccomi qui, ora ho ventitré anni e scrivo questo libro, era molto tempo che avevo intenzione di scrivere qualcosa, ho pensato e ripensato a cosa potesse essere un racconto accattivante, una storia interessante da narrare, ma tutte le volte che provavo a scrivere, mi bloccavo, l'idea arrivava ma non si sviluppava e moriva lì senza concludersi mai davvero.

Poi quest'estate, mentre ero ad Imperia durante la stagione di avvistamento cetacei, grazie al suggerimento di qualche amica in spiaggia, (grazie Lucia!), ho avuto l'illuminazione: perché raccontare storie inventate, che non hanno né capo né coda? Una storia ce l'ho da raccontare, la mia!

Questo è il mio decimo anno di avvistamento cetacei, fin da quando ero piccolo è sempre stato il mio sogno vedere una balena, sono sempre stato appassionato di mare e delle sue splendide creature; dopo aver avuto il mio primo incontro, è stato come un incantesimo, non mi sono più fermato, ho iniziato a passare periodi sempre più lunghi in Liguria a bordo della motonave di avvistamento, ho visto qualsiasi cosa che si possa incontrate in mare: delfini, balene, capodogli, tartarughe, tonni, ecc. L'avvistamento in mare è diventata una parte della mia vita, una delle cose più belle e riuscite che abbia mai intrapreso, ho visto nella mia vita centinaia di balene, ma vi assicuro che ancora adesso, dopo tutti questi anni, ogni volta che avvisto l'animale e lo avvicino con la barca, l'emozione che provo, non è tanto diversa da quella della mia prima balena dieci anni fa.

Attualmente lavoro a scuola, sono laureato in Scienze dell'educazione, ma ho studiato Biologia e posso affermare che questo libro è pensato anche per i miei allievi; spesso uso tempo per raccontare alle generazioni future come il mare vive e come funziona, vorrei che il messaggio di protezione e di cura del mare possa trasmettersi a tutte le nuove generazioni, in modo da garantire anche per il futuro, la vita nel nostro meraviglioso mondo marino, mondo che ha sicuramente bisogno di essere compreso e conosciuto per poterlo al meglio tutelare.

L'opera che avete sotto mano è un libro fotografico, ho potuto qui raccogliere le migliori foto che ho personalmente scattato nel mar Ligure in questi dieci anni di avvistamento, alcune fotografie ed ogni specie sarà seguita da una breve descrizione, che aiuterà i lettori a comprendere al meglio quello che stanno osservando.

Come accennavo in precedenza, questo libro è dedicato a tutte le persone che sono state importanti nella mia vita, ma più di tutti, questo libro è per tutti i miei allievi, i bambini della scuola nella quale lavoro, spero che leggere questo libro possa farvi nascere la voglia di conoscere e proteggere il mare e tutte le sue stupende creature, e magari, perché no, venire sulla barca e vederle di persona!
Questo libro è dedicato a tutti voi, grandi e piccini.

Ringraziamenti

Mi sembra più che doveroso, prima di tutto porgere alcuni importantissimi ringraziamenti ad alcune persone, senza le quali tutti questi anni in mare e questo libro non sarebbero stati possibili.
Innanzitutto ringrazio infinitesimamente la società "GOLFO PARADISO" snc e la conseguente Golfo Paradiso Whale Watching, per avermi permesso di recarmi in mare e vedere i cetacei, ringrazio il capitano Franco Chiaschetti, esperto lupo di mare e amico, che per dieci anni mi ha accompagnato agli avvistamenti pilotando con abilità unica le motonavi in alto mare.
Ringrazio la prima biologa che ho conosciuto nel lontano 2014, Elena Scavone ed il suo compagno Sergio Barotti, marinaio di bordo, con loro ho scoperto il mondo del whale watching, insieme abbiamo svolto diversi anni di escursioni in mare, non dimenticherò mai quanti cetacei abbiamo osservato sui flutti blu.
Ringrazio tutto il team del whalewatching a Genova, innanzitutto ai figli di Franco, Davide e Mattia Chiaschetti, anche loro uomini di mare come il loro padre, Alessandro Verga, l'occhio infallibile grande avvistatore in mare e grande biologo, grazie alla sua compagnia in mare, abbiamo fatto tanti avvistamenti fantastici.

Grazie a Gianni Lucchi e Daniela Papi, che con le loro meravigliose foto, ci portano sempre un pezzo di santuario sui nostri schermi.

Grazie a Davide Ascheri ed Elena Fontanesi, che con la loro associazione "Delfini del Ponente" che si occupa dello studio e della ricerca sui tursiopi nel ponente ligure, mi hanno dato tanti spunti e conoscenze grazie della vostra amicizia e del tempo passato assieme, ringrazio anche tutte e tutti gli stagisti che sono passati sulla motonave di avvistamento grazie all'associazione di Davide ed Elena, essendo provenienti da tutto il mondo ho potuto conoscere aspetti diversi della vita dei cetacei in tutte le zone del pianeta ed ho conosciuto persone molto preparate e simpatiche.

Un ringraziamento anche a Lele, Giovanni e Matteo, membri dell'equipaggio di Imperia, che con la loro simpatia hanno animato le mie giornate in mare.

Un grazie anche a Francesca Salvioli biologa di bordo con la quale ho condiviso la giornata più ricca di balene di tutta la mia vita, ben quindici!

I ringraziamenti vanno anche a Jessica Picozzi, simpaticissima biologa a bordo della motonave negli ultimi due anni, con la quale abbiamo passato simpaticissimi momenti in mare e sulla terra ferma!

Per ultimi ma assolutamente non ultimi, i miei amici esperti fotografi, Andrea Izzotti illustre e titolatissimo fotografo naturalista che ho conosciuto a bordo e che mi ha fornito le fondamentali dritte per la creazione di questo libro, Paola Tesio amica e gioiosa compagna di avventure.

Un grazie anche a Roberto maestro scultore ceramico e fotografo.

Un grandissimo ringraziamento va alle due motonavi, le barche che mi hanno accompagnato in mare con le quali ho avvistato le innumerevoli creature del nostro mare, un ringraziamento alla motonave "Sagittario" ed un profondo pezzo del mio cuore alla motonave "Corsara" la "barca blu" con la quale ho svolto la maggior parte delle mie escursioni, un pezzo del mio cuore rimarrà sempre sulla torretta di avvistamento di questa barca, non la dimenticherò mai.

Un ulteriore fondamentale grazie va a mio padre Davide, il quale mi ha aiutato a organizzare e correggere le foto da inserire nel libro.

Ringrazio il professor Fabio Pagani, per avermi aiutato nella correzione delle bozze e nella pubblicazione del libro.

E per finire un grazie di cuore al giovane Nicolò, autore dei disegni di copertina e prima pagina.

Un grande grazie va a voi, a tutti voi per aver reso questi miei dieci anni tra le balene indimenticabili...grazie immensamente.

Auguro a tutti, piccoli e grandi una buona lettura e spero che le foto vi possano piacere!

La mia prima balena, quella che non scorderò mai più e affianco la motonave Corsara, compagna di tante avventure in mare, con un giovane me sulla torretta di avvistamento

1) Il santuario Pelagos

Ritengo fondamentale prima di addentrarci all'interno delle fotografie, raccontare qualcosa di più dettagliato sull'area marina dove svolgo abitualmente *whalewatching*.

Il santuario Pelagos è un area marina protetta molto estesa, infatti copre una superficie di circa 87.500 chilometri quadrati, praticamente la dimensione della Svizzera e si trova ad includere tutto il mar Ligure, toccando le coste nord della Sardegna, tutta la costa ligure, il principato di Monaco, una parte di Toscana e di costa azzurra Francese, comprende inoltre al suo interno tutta la Corsica.

Ma come e quando nasce questa area marina protetta? L'idea di dichiarare santuario questo tratto di mare nasce alcuni decenni fa: infatti, a seguito di alcuni studi scientifici condotti negli anni Ottanta, si è potuto osservare che questa area marina presenta la maggior concentrazione di cetacei di tutto il Mediterraneo e non è difficile anche uscendo con piccole imbarcazione e recandosi a poche miglia dal porto, incontrare gruppi di delfini, balene e capodogli, anzi possiamo dire che spesso sono i delfini e gli altri cetacei che trovano noi. In realtà l'abbondante presenza di cetacei in queste acque è documentata già da diversi secoli, pensate addirittura che il principe Alberto I di Monaco vissuto tra il 1848 ed il 1922, grande appassionato di mare, disse di aver avvistato più cetacei dalle finestre del suo palazzo che dalle numerose navi sulle quali aveva viaggiato!

Successivamente, a seguito degli studi compiuti nel secolo scorso, si è potuto confermare che, per una serie di motivazioni ambientali, l'ecosistema marino del mar ligure settentrionale assomiglia a quello oceanico, vantando un' abbondanza e densità di cetacei, simile se non superiore a quella degli oceani, è stata accertata la presenza regolare di otto specie differenti di cetacei, la balenottera comune, il capodoglio, lo zifio, il globicefalo, il grampo, la stenella striata, il tursiope ed il delfino comune.

Così, alla luce di queste consapevolezze, nel 1999 viene firmato un accordo internazionale tra Italia, Francia e principato di Monaco e nasce il santuario Pelagos: questa parola che deriva dal greco e significa appunto "mare" porta con sé il significato profondo dell'accordo e cioè la tutela dell'ambiente e della vita marina per la protezione dei cetacei che abitano queste acque blu cobalto.

Con l'accordo, i tre paesi si impegnano a proteggere i cetacei nel loro ambiente naturale, preservando l'habitat e, istituendo regole di navigazione e di comportamento al fine di preservare l'ecosistema marino, vengono vietati e limitati tutti quei comportamenti che possono danneggiare balene e delfini ed il loro ambiente. Infatti l'area del santuario rappresenta una delle zone più antropizzate del mondo caratterizzate da un intenso traffico marittimo e invadenti attività umane, i tre paesi si impegnano quindi ad adottare strategie di sviluppo e comportamenti in grado di tutelare e proteggere i cetacei ed il loro habitat, convivendo in modo pacifico e studiando i comportamenti di questi animali e le loro abitudini, grazie a questo accordo ventiquattro anni dopo, eccoci qui ad ammirare le splendide balene ed i simpatici delfini nel loro ambiente naturale.

Una domanda a questo punto sorge spontanea, ma come mai proprio in questo punto del mar Mediterraneo si concentrano cosi tanti cetacei? Perché proprio qui? Ed a questa domanda è necessario rispondere.

Innanzitutto i fondali di questo tratto marino assumono caratteristiche molto particolari: partendo dalla loro geografia, si alternano infatti profondi canyon sottomarini caratterizzati da elevate profondità, fino anche a 1200, 1300 metri, a zone di fondale piatte e sabbiose, in questi punti la profondità risulta molto elevata fino a 2800 metri.

Da questi fondali risale una corrente marina, chiamata *upwelling*, questa corrente è caratterizzata da un movimento ascensionale di acqua fredda, ricca di nutrienti; portando questi elementi in superficie, vengono attratte molte specie di pesci ed animali marini che si nutrono di questi nutrienti, conseguentemente anche i cetacei sono attratti dall'abbondanza di cibo che si viene a creare nella zona, ed ecco spiegato il motivo della loro presenza, il fatto di avere inoltre fondali cosi profondi, consente all'*upwelling* di portare in superficie molti nutrienti, permettendo quindi a popolazioni anche numerose di cetacei di sostentarsi e vivere anche stabilmente all'interno dell'area marina protetta.

Le aree dove la Golfo Paradiso pratica l'attività di *whalewatching* sono essenzialmente due: partendo da Genova, il mar ligure di levante, compiendo l'osservazione navigando sopra i due grandi canyon sottomarini di Genova, il Polcevera ed il Bisagno, mentre imbarcandoci da Imperia è possibile compiere attività di avvistamento nell'area del mar ligure di ponente, navigando sopra la piana abissale, un'area marina molto profonda, caratterizzata dall'abbondanza di grossi mammiferi marini.

Generalmente esistono habitat specifici per ogni specie, vengono preferiti i canyon o le piane abissali, a seconda della specie, è anche vero che in mare non esistono confini netti e spesso è possibile incontrare animali dove meno ce lo si aspetta come balene a pochi metri dal porto o delfini a 20 miglia dalla costa.

Detto questo possiamo iniziare il nostro viaggio, saliamo a bordo ed iniziamo la nostra avventura in mare!

2) La balenottera comune (*Balaenoptera physalus*)

La prima specie che incontriamo è proprio la più grande, imponente e maestosa, la balenottera comune. Iniziamo dicendo subito che questo mammifero è il secondo animale più grande del mondo, battuto solamente dalla balenottera azzurra che, però, non vive nel mar Mediterraneo; qui, nel nostro mare, la balenottera comune raggiunge una lunghezza di circa 20-22 metri per un peso di circa 70-80 tonnellate, mentre negli oceani può raggiungere i 27 metri e pesare anche 120 tonnellate.

La balenottera ha una forma affusolata, con una pinna dorsale in posizione arretrata, la pinna caudale è formata da due lobi simmetrici, le pinne pettorali sono affusolate e non particolarmente lunghe, mentre il muso termina a punta con il caratteristico rostro.

La colorazione è particolare, il dorso dell'animale appare grigio ardesia, marroncino-bluastro e varia leggermente a seconda di ogni esemplare, mentre il ventre e la parte inferiore del corpo è caratterizzata da un colore bianco: la peculiarità di questa specie sta nell'asimmetria della colorazione della mascella, infatti il lato sinistro risulta grigio uniforme, come il resto del corpo, ma il lato destro è bianco come la colorazione del ventre.

La balenottera è l'unico misticete presente nel Mediterraneo: i misticeti sono tutti quei cetacei privi di denti, ma dotati di fanoni, delle vere e proprie lamelle cornee, costituite dello stesso materiale delle nostre unghie, che formano una sorta di pettine all'interno della bocca dell'animale, in modo che, quando si nutre, possa trattenere le particelle di cibo all'interno dei fanoni e ingoiarle successivamente. La balenottera presenta inoltre due narici nello sfiatatoio, mentre i delfini ed il capodoglio, ne hanno solo una.

La balenottera comune si nutre principalmente di krill nel Mediterraneo, piccoli gamberetti planctonici che formano grossi "sciami" sottomarini, generalmente ad una certa profondità, dai 200 ai 500 metri circa.

Infatti il ciclo di alimentazione della balenottera segue questa particolarità della sua preda: di solito la balena rimane in superficie per alcuni minuti respirando, il soffio è alto fino a 5 metri, forma una colonna verticale sull'acqua, ed è facilmente riconoscibile anche a diverse miglia di distanza.

Dopo essersi ossigenata a sufficienza, la balenottera compie un grosso respiro ed inizia l'immersione, immergendosi l'animale inarca la schiena mostrando il dorso, in un tipico movimento denominato "sgroppata"; a seguito di ciò, scende sott'acqua lasciando una macchia di acqua ferma sul punto d'immersione, denominata appunto "impronta della balena". Raramente la balenottera alza la coda fuori dall'acqua durante l'immersione, non lo fa perché non necessita di raggiungere profondità elevate, quindi la spinta fuori dall'acqua non è necessaria.

Sott'acqua la balenottera raggiunge i banchi di krill e apre semplicemente la bocca, cattura tutta la massa d'acqua e prede, la gola grazie alla presenza di solchi estendibili si allarga consentendo al grande ammasso di acqua e krill di essere contenuto all'interno della zona orale dell'animale. Successivamente, con l'aiuto della lingua, la balena espelle l'acqua dai lati della mandibola, mentre i fanoni catturano tutte le piccole prede, che vengono successivamente deglutite, finita questa operazione, l'animale ritorna in superficie.

La balenottera compie immersioni medio-brevi della durata media di 5-10 minuti, per un massimo di circa 22 minuti, in questo tempo riesce ad immergersi ed a nutrirsi in abbondanza, pensate che in media una balenottera comune consuma circa 300 tonnellate di krill all'anno!

In mare le balenottere si incontrano abbastanza facilmente, non è considerato un avvistamento raro, amano nuotare nelle zone pelagiche, in acque profonde, generalmente lontano dalla costa, anche se in certi periodi dell'anno come in autunno, è più semplice vederle anche a poche miglia dal porto.

Di solito questi animali sono solitari, ma capita di vederli anche in piccoli gruppi formati da 2, 3, fino a 4 individui, ed in alcuni rari casi anche in gruppi molto numerosi fino a 15. In Mediterraneo è stimata una popolazione di circa 1700 individui e una buona parte di essi si trova proprio nel mar Ligure.

Da alcuni anni inoltre è diventato più frequente avvistare esemplari giovani e addirittura madri con cuccioli, questo ci fa ben sperare che la popolazione di balene si riproduca nel mar Mediterraneo, dando un impatto molto positivo alla tutela della specie ed alla sua conservazione futura.

Purtroppo questi cetacei sono esposti anche ad alcuni rischi per la vicinanza all'essere umano: innanzitutto le collisioni con le imbarcazioni rappresentano un certo rischio per questi animali e, specialmente in passato, le collisioni con grosse navi erano causa grave di mortalità tra le balene.

Oltre a ciò anche l'inquinamento acustico marino risulta dannoso per questi animali che comunicano anche a grandi distanze producendo suoni a bassa frequenza, in un mare molto trafficato e sfruttato, anche il rumore prodotto dall'uomo può risultare pericoloso. Sono soggette anche agli effetti dell'inquinamento chimico, all'esposizione alla plastica, ma sembra fortunatamente che gli individui che vengono osservati siano in buono stato di salute, ovviamente data la loro dimensione, le balenottere non hanno predatori naturali.

La balenottera, in tutta la sua maestosità

In questa foto si osserva bene lo sfiatatoio, con le due narici tipiche delle balenottere

A volte il soffio prende forme inaspettate…

La balena raggiunge la superficie fendendo l'acqua

Un gigante di 23 metri e 70 tonnellate si affianca alla motonave

La balena raggiunge la superficie fendendo l'acqua

Un geyser d'aria e acqua rompe la superficie del mare, la balena emerge

Anche da grandi distanze è facile trovare la posizione della balenottera, il suo soffio sulla superficie del mare si innalza fino a 3-4 metri di altezza ed è visibile anche ad alcune miglia di distanza

Due primi piani

La balenottera mostra il ventre chiaro girandosi sott'acqua

Un saluto della balena vicino alla prua della Corsara

A volte capita di incontrare delle mamme che nuotano assieme ai loro piccoli

Il cucciolo emerge soffiando affianco alla madre

Mamma e cucciolo assieme

Spesso il cucciolo usa il corpo della madre come protezione, rimanendo dalla parte opposta

La madre è un vero e proprio "scudo" per il suo piccolo

Il piccolo prende coraggio e si avvicina alla Corsara, una piccola balena di circa 5-6 metri saluta i passeggeri

Ancora mamma e piccolo

Una chiazza arancione appare dietro alla balenottera, si tratta delle sue… feci essendo il krill, la preda della balena, ricco di betacarotene, il colore degli escrementi assume una caratteristica tonalità arancione rossastra

Una chiazza arancione appare dietro alla balenottera, si tratta delle sue… feci essendo il krill, la preda della balena, ricco di betacarotene, il colore degli escrementi assume una caratteristica tonalità arancione rossastra

Una fascia chiara sotto la superficie dell'acqua, la balenottera danza sotto le onde

In coppia

Una fascia chiara sotto la superficie dell'acqua, la balenottera danza sotto le onde

Un dorso nel blu…

Prima di immergersi la balenottera compie la cosiddetta "sgroppata", inarca il dorso mostrando la pinna dorsale e si spinge in basso, sparendo sott'acqua, l'animale non alza quasi mai la coda fuori dalla superficie dell'acqua, non ha bisogno di darsi una grossa spinta, infatti la balenottera si nutre ad una profondità di circa 500 metri

La sgroppata

Una balenottera soffia al tramonto

Dettaglio del muso della balenottera durante l'emersione

Una scia di chiazze d'acqua ferma mostrano la posizione della balenottera

Sulla pinna dorsale di questo individuo si osservano alcune escoriazioni, non è chiaro cosa possa averle causate

Era ottobre 2016 quando appena all'uscita del porto di Genova, incontrai tre balenottere, durante l'autunno questi animali si avvicinano spesso a costa per nutrirsi di pesce azzurro, ed incontrarle è un vero spettacolo, nella foto vedete il soffio dell'animale controluce che dà origine ad un bellissimo arcobaleno

La balenottera si gira lateralmente, al fine di catturare i banchi di pesci sotto la superficie, nel fare ciò alza la pinna pettorale fuori dall'acqua, come a voler salutare la barca

La balenottera mostra il ventre gonfio d'acqua e pesce, che a breve ingoierà

Il muso della balenottera fa capolino

3) Il capodoglio (*Physeter macrocephalus*)

Proseguendo la nostra escursione incontriamo il capodoglio, il secondo cetaceo per dimensione che incontriamo nel santuario: gli esemplari adulti raggiungono una lunghezza di circa 12-13 metri per un peso di circa 60 tonnellate, negli oceani i capodogli possono raggiungere i 18 metri e pesare anche 80 tonnellate, ci sono fonti storiche, risalenti al diciottesimo e diciassettesimo secolo, che riportano l'avvistamento di individui colossali, di oltre 27 metri.

La forma del capodoglio è molto particolare, si presenta con una sagoma allungata e tozza: alcuni lo soprannominano amorevolmente "asse di legno" o "salsicciona", in ogni caso la testa è molto grande e ben visibile, in quanto occupa buona parte del corpo, il dorso è solcato da rughe e la pelle appare quasi avvizzita, non presenta una vera e propria pinna dorsale, ma alcune creste che possono essere più o meno accentuate a seconda dell'individuo.

La coda è larga ed i lobi risultano simmetrici, anche le pinne pettorali sono larghe e corte, vengono spesso tenute affianco al corpo dell'animale e non è semplicissimo vederle dalla superficie.

La mascella è di forma allungata, ed è ornata da 20-26 paia di denti conici molto grossi ed appuntiti, che vengono usati dall'animale per catturare le prede durante la caccia.

La colorazione del capodoglio è generalmente grigio uniforme, più o meno scuro a seconda dell'individuo, non è rara la presenza di macchie o aree depigmentate che regalano sfumature più chiare a questi animali.

Lo sfiatatoio è composto da una sola narice che si trova sul lato sinistro del corpo, la seconda narice non è implicata nella respirazione, ma nella creazione dei suoni, come in tutti i cetacei con i denti e non è visibile dall'esterno. Il capodoglio appartiene all'ordine degli odontoceti, cioè tutti i cetacei dotati di denti, come i delfini, possiamo quindi simpaticamente affermare che il capodoglio è un "delfino gigante".

La posizione laterale dello sfiatatoio consente all'animale di creare un soffio basso ed inclinato di 45 gradi in avanti, in avvistamento è possibile trovare l'animale identificando il soffio, che appare come una piccola nuvoletta bassa sull'acqua, che appare e scompare ad intervalli costanti.

Di solito questi animali si incontrano da soli, si trovano a nuotare sopra i canyon sottomarini, dove sono abituati a cacciare le loro prede preferite, i calamari anche giganti.

Rimangono in superficie ad ossigenarsi per circa 15-20 minuti, per poi immergersi nelle profondità del mare, durante il processo di immersione compiono la cosiddetta "scodata" cioè alzano la coda interamente fuori dall'acqua, mostrandola per poi darsi una fortissima spinta per raggiungere l'abisso, i capodogli si immergono a profondità elevatissime, raggiungono i 2000 metri senza difficoltà e cacciano interamente al buio, usando l'ecolocalizzazione per orientarsi e trovare il cibo, la loro testa contiene un grosso organo chiamato "spermaceti" contenente l'olio che viene fatto vibrare dall'animale producendo i caratteristici click, creando suoni che vengono emessi verso l'ambiente circostante.

Questi click urtando e, colpendo gli oggetti e gli animali, producono una eco di ritorno, che viene analizzata dal capodoglio, che produce così una vera e propria mappa dei dintorni e può nuotare e cacciare nel buio più assoluto.

Non è ben chiaro come questi animali siano in grado di catturare effettivamente i calamari, ma si ipotizza che una volta identificata la preda, siano in grado di produrre un click molto forte e stordente, che disorienta la preda permettendo al cetaceo di mangiarla.

Finita la caccia il capodoglio ritorna verso la superficie per ossigenarsi, in circa 10 minuti riesce a raggiungere da 2000 metri la superficie del mare, pensate che resistenza alla pressione marina dimostra questo animale, in cosi poco tempo riesce a sopportare una tale differenza di pressione senza nessun problema, poi riemerge, si ossigena respirando per circa un quarto d'ora, e poi si immerge ancora ripetendo il ciclo, in Mediterraneo le immersioni dei capodogli vanno da un minimo di 20 ad un massimo di 50 minuti, ma negli oceani questi animali possono rimanere in immersione anche per più di 2 ore!

In Liguria si incontrano generalmente individui solitari di solito maschi, ma a volte, se si è fortunati, si possono incontrare i gruppi familiari, cioè composti da femmine e cuccioli: vederli insieme è un' esperienza unica, in dieci anni mi è successo solo due volte.

Nel mar Mediterraneo non vi è una stima precisa sui numeri della popolazione, ma si ipotizza possano essere circa 800, inoltre la popolazione del nostro mare appare geneticamente distinta da quella dell'oceano Atlantico.

Il capodoglio in superficie, si vede bene il tipico soffio inclinato a 45 gradi in avanti

Dettaglio dell'unica narice presente sull'animale

Un capodoglio curioso si avvicina alla Corsara, alza la testa per osservare i passeggeri

La curiosità è spesso contagiosa

Un capodoglio curioso si avvicina alla Corsara, alza la testa per osservare i passeggeri

Di solito i capodogli si incontrano solitari, ma a volte capita di incontrare dei gruppi, generalmente sono delle famiglie formate da femmine ed eventuali cuccioli, incontrarle è uno spettacolo unico

Una mamma con il suo piccolo

Curioso

Il capodoglio curioso osserva col suo occhio indagatore la macchina fotografica

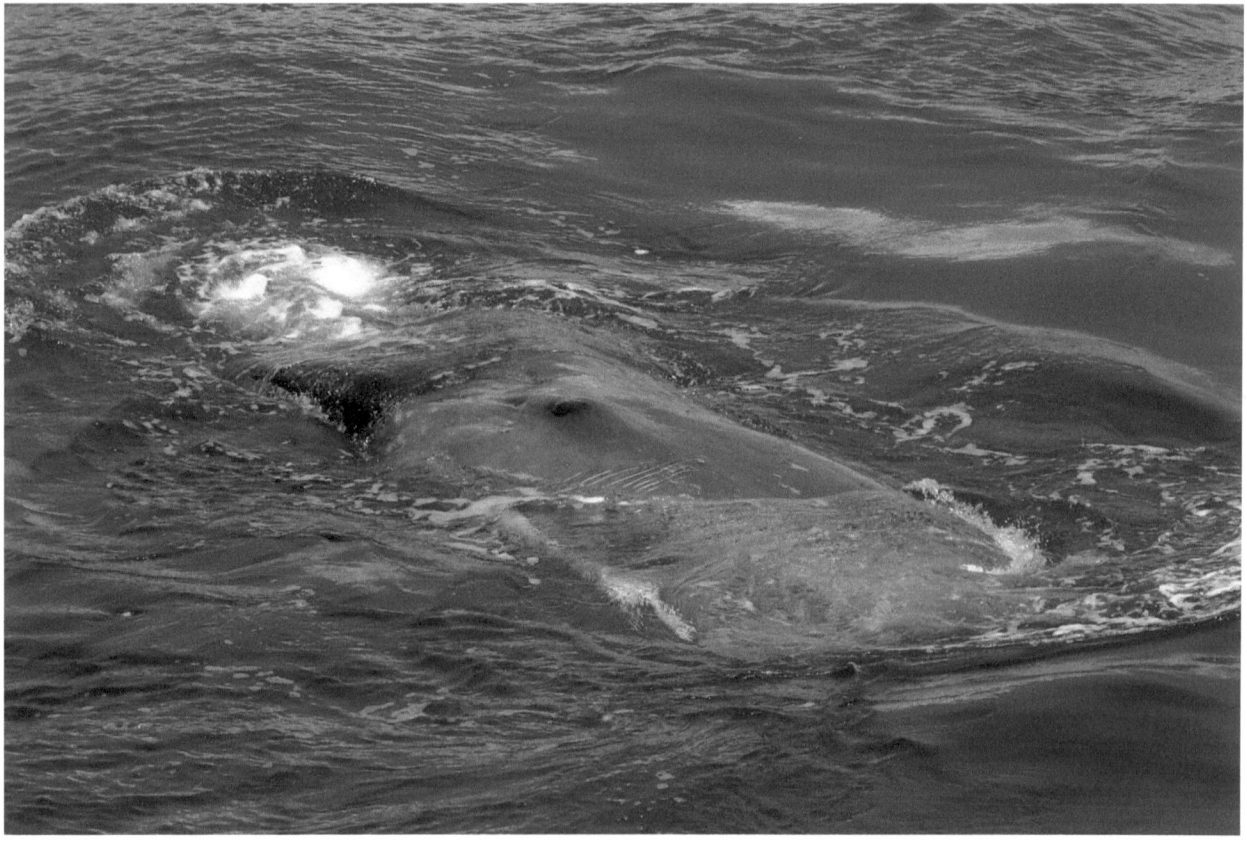

Sequenze di code, l'animale prima di immergersi alza la coda fuori dall'acqua per spingersi con forza verso l'abisso

Sequenze di code, l'animale prima di immergersi alza la coda fuori dall'acqua per spingersi con forza verso l'abisso

Questa foto rende l'idea della dimensione del capodoglio

Poco prima della scodata

Gabbiani curiosi volano su un capodoglio

Possenza

49

Soffio con piccolo arcobaleno

Questa foto dovrebbe farci riflettere, spesso non ci rendiamo conto di quanto questi meravigliosi animali si trovino vicino alle attività umane, è importante conoscerli e comprenderli per proteggerli nel futuro

4) Zifio (*Ziphius cavirostris*)

Lo zifio è un cetaceo molto particolare, innanzitutto si tratta di un mammifero dalle fattezze speciali, è caratterizzato da un corpo abbastanza tozzo, la pinna dorsale è ben visibile, in posizione terminale, le pinne pettorali sono piccole e vicine al corpo, sono presenti due piccole tasche sul corpo dell'animale che possono essere utilizzate per inserire le pinne, rendendo l'animale ancora più idrodinamico nel nuoto.

Il rostro è allungato e la bocca termina con il caratteristico "becco" che contraddistingue il suo nome in inglese, *Beaked whale*.

Sulla testa lo sfiatatoio è composta da una singola narice, il soffio prodotto è piccolo ed irregolare, non è visibile dalla distanza, ma una volta avvicinato è possibile vedere la piccola nuvola d'aria creata dal respiro dell'animale.

Lo zifio raggiunge una lunghezza massima di 6-7 metri per un peso di 2-3 tonnellate, anche se alcuni esemplari raggiungono dimensioni anche leggermente maggiori.

La colorazione di questi animali è molto variabile: quando lo zifio è giovane si riconosce dalla livrea grigio/rossastro o marroncino, a seconda dell'individuo, con l'avanzare dell'età gli zifi si ricoprono di cicatrici, causate dalle loro interazioni sociali e dalla caccia, la colorazione del corpo inizia a mutare, le cicatrici perdono la pigmentazione quindi gli zifi tendono a divenire più chiari, gli esemplari più vecchi sono addirittura bianchi a seconda dell'età sono quindi presenti moltissime variazioni e tonalità di colore, sono spesso inoltre visibili macchie più chiare o scure sopra la pelle di questa specie.

È facile distinguere il sesso di questi animali: infatti negli adulti, sopra la punta del muso sono presenti negli individui maschi due denti, sporgenti molto ben visibili, mentre le femmine presentano un rostro liscio senza alcun dente.

Gli zifi vivono a largo, spesso si incontrano sopra i canyon in corrispondenza delle zone di alimentazione dei capodogli, infatti anche loro si nutrono di calamari utilizzando l'ecolocalizzazione, esattamente come i loro cugini più grandi

Generalmente gli zifi si incontrano a coppie o piccoli gruppi composti da 3-4 individui, in alcune occasioni si incontrano anche individui solitari, raramente si possono osservare grandi gruppi formati fino a 8-10 individui.

In Mediterraneo gli zifi compiono generalmente due differenti tipi di immersioni, una più lunga ed una breve: nella prima l'animale rimane in immersione fino a circa 45 minuti, mentre nella seconda il tempo varia da 15 a 20 minuti. Di solito gli zifi alternano un immersione lunga, seguita da due brevi, in modo da potersi ossigenare e riposarsi.

Gli zifi si immergono ad elevate profondità come i capodogli fino a 2000 metri, passano la maggior parte del tempo in immersione, per questo motivo non è sempre facile riuscire a vederli in superficie, inoltre non sono soliti rimanere per molto tempo vicino alle imbarcazioni, tendono ad immergersi velocemente a seguito di 10-15 respiri; negli ultimi anni, specialmente a largo di Genova, gli zifi sono diventati meno timidi e gli avvistamenti sono stati più frequenti e con maggiore interazione da parte degli animali, sembra quasi che abbiano preso confidenza con alcune imbarcazioni e si avvicinano più spesso, interagendo in modo più attivo e mostrando anche comportamenti interessanti come salti spettacolari fuori dall'acqua.

Gli zifi sono tutt'oggi animali alquanto misteriosi date le loro abitudini sono difficili da osservare e studiare, non sono note tutte le loro caratteristiche biologiche, sappiamo però che si riproducono nel Mediterraneo: in diverse occasioni sono state avvistate mamme con piccoli appena nati, probabilmente sono molto intelligenti e sanno bene come muoversi in mare, inoltre proprio lo zifio detiene il record di apnea per i mammiferi in immersione. Infatti nel 2017, a Cape Hatteras, a largo del North Carolina, è stata registrata un'immersione di uno zifio della durata eccezionale di 3 ore e 42 minuti, un dato record!

Inoltre nel Mediterraneo l'osservazione degli zifi è piuttosto semplice, gli animali sono abbondanti, mentre negli oceani l'avvistamento di questa specie è molto difficile e molto raramente si vedono cosi vicino alle barche come accade nel nostro mare.

In Liguria esiste un catalogo degli esemplari che grazie alla fotoidentificazione, tecnica tramite la quale dalle fotografie dei dorsi e delle pinne dorsali si possono riconoscere i singoli individui appartenenti ad una certa specie, ha permesso di identificare circa un'ottantina di esemplari che stabilmente frequentano le acque Liguri e che vengono avvistati, inoltre ad ognuno di loro viene assegnata una sigla e un nome colloquiale col quale si identifica il singolo esemplare.

Gruppo di zifi composto da esemplari giovani ed anziani nuota a largo di Imperia

Come per molte altre specie di cetacei gli individui anziani tendono ad assumere un colore più chiaro, questo perché a seguito delle lotte e interazioni sociali, questi animali si provocano cicatrici che una volta guarite perdono il pigmento colorato, negli anni le cicatrici si sovrappongono e gli animali acquisiscono questa colorazione bianca

Notate le diverse colorazioni

Esemplare giovane

Su questo individuo si osservano bene le cicatrici che causano la depigmentazione

Osservate due piccoli denti sul rostro di questo individuo, sono gli unici denti presenti nelle zifio, inoltre si osservano solo sui maschi le femmine sono sdentate

Lo zifio mi osserva con occhi indagatori

Zifio "da cartolina"

Un anziano mi osserva

Due zifi nuotano verso la barca

Sotto il pelo dell'acqua

Un soffio potente

Questo zifio è stato probabilmente vittima di una collisione con un'elica di un'imbarcazione, si può osservare la caratteristica cicatrice sul dorso, è attualmente il primo zifio da me incontrato che mostra segni di interazione negativa con le attività umane

A volte quando gli zifi sono di "buon umore" ci sorprendono con spettacolari salti ed interazioni, è abbastanza raro osservarli durante questi atteggiamenti

Lo zifio batte rumorosamente la coda sulla superficie del mare, questo comportamento tipico anche dei delfini è chiamato *tail slapping*

Lo zifio batte rumorosamente la coda sulla superficie del mare, questo comportamento tipico anche dei delfini è chiamato *tail slapping*

Poco prima di emergere

Gruppo

5) Il globicefalo (*Globicephala melas*)

L'avvistamento dei globicefali è uno dei più rari, ma forse anche il più emozionante di tutti.

Appaiono come dei grossi delfini, dal colore nero intenso, il corpo è allungato e filiforme, la pinna dorsale è molto grande e falcata, negli esemplari anziani può essere davvero enorme, la testa è globosa, il melone è molto pronunciato e visibile, le pinne pettorali sono piegate all'indietro, formando quasi una mezzaluna, mentre la zona ventrale dell'animale appare bianco panna.

Questi animali possono raggiungere anche gli 8 metri di lunghezza pesando fino a 4 tonnellate, in mare si incontrano in gruppi, spesso anche molto numerosi infatti si possono vedere fino ad un centinaio di individui, spesso si incontrano anche dei sottogruppi più piccoli formati da meno individui, che fanno però parte dello stesso gruppo; all'interno di questo vi è solitamente un individuo maschio anziano detto il pilota, che guida e coordina il gruppo, tutti gli esemplari sono molto legati a questo animale che viene seguito in tutte le circostanze, anche in quelle negative, come gli spiaggiamenti, se lui si spiaggia, tutto il gruppo lo segue.

Questi animali si nutrono prevalentemente di calamari che catturano fino a 600 metri di profondità, cacciando anche di notte.

In mare si osservano spesso fermi in superficie ed è quindi facile avvicinarli, sono animali di loro natura estremamente curiosi, spesso i cetacei nuotano spontaneamente vicino all'imbarcazione interagendo con essa per un tempo indefinito, si osservano mentre emergono verticalmente fuori dall'acqua per osservare la barca. Questo comportamento viene chiamato *spyhopping*, oppure si fermano in posizione verticale con la coda fuori dall'acqua, sbattendola violentemente sulla superficie, in atteggiamento denominato *lobtailing*, a volte saltano anche fuori dall'acqua seguendo le onde dell'imbarcazione, il salto viene denominato in gergo tecnico *breaching*.

Mentre i globicefali si trovano affianco dell'imbarcazione si possono ascoltare i vocalizzi, spesso i click che usano per comunicare tra di loro sono udibili e permettono veramente di "ascoltare" i loro suoni.

All'interno dei gruppi che si avvistano sono quasi sempre presenti dei cuccioli, la specie si riproduce nel nostro mare.

Purtroppo come ho detto all'inizio, questo avvistamento non è per nulla facile, in media sono riuscito ad avvistarli una o due volte per stagione.

Questi cetacei vivono molto a largo, oltre le 20 miglia nautiche, in aree fuori dalla portata della motonave, gli unici momenti nei quali l'avvistamento è possibile avvengono quando questi animali decidono spontaneamente di avvicinarsi alla costa, con un po di fortuna raggiungono le 20 miglia ed allora diviene possibile trovarli, grazie alla loro curiosità ed intraprendenza si possono osservare giocare con la barca, saltare, vocalizzare, si mostrano in tutta la loro vera natura, per questo vederli è davvero un' esperienza spettacolare.

Generalmente il periodo nel quale si avvistano con più frequenza è agosto, nelle giornate dove il mare si trasforma in una tavola, senza onde né vento, quando la bonaccia domina la distesa blu, allora al limite del binocolo, molto a largo, può capitare di avvistare dei grossi dorsi neri, che da li a poco, possono regalare uno degli spettacoli più belli del mare.

Vivendo cosi lontano dalla costa, non hanno particolari disturbi causati dalle attività umane, la popolazione Mediterranea vive tutto sommato bene, le interazioni con l'uomo sono molto limitate e non arrecano disturbo osservabile a questi magnifici cetacei.

Globicefali, adulti e piccolo in posa

Esemplari curiosi sotto alla prua della barca

Trio

Anche da lontano è semplice identificare i globicefali, dato il loro colore nero intenso e la loro pinna dorsale voluminosa

Primo piano

Primo piano

Dorsi nel blu

Globicefali in spostamento

Globicefalo salta sulla scia della barca

6) Il grampo (*Grampus griseus*)

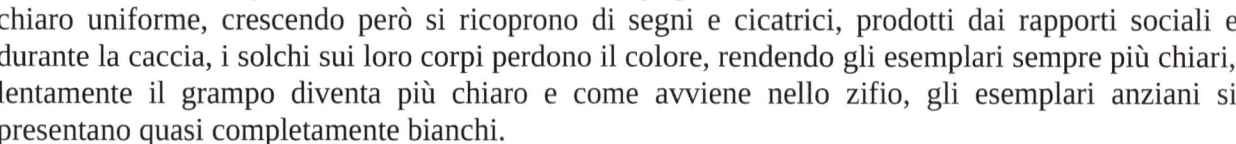

Il grampo è un delfino abbastanza grosso, può raggiungere una lunghezza di circa 4 metri per un peso di 600 kg, il corpo di questo cetaceo è allungato, presenta una pinna dorsale molto alta e pronunciata, ben visibile da lontano, le pinne pettorali sono molto lunghe e appuntite, la testa è larga e rotondeggiante, inoltre ha davanti al muso un solco a forma di V, ben riconoscibile e caratteristico.

La colorazione di questa specie è molto particolare: infatti, quando nascono, i grampi presentano una livrea grigio-chiaro uniforme, crescendo però si ricoprono di segni e cicatrici, prodotti dai rapporti sociali e durante la caccia, i solchi sui loro corpi perdono il colore, rendendo gli esemplari sempre più chiari, lentamente il grampo diventa più chiaro e come avviene nello zifio, gli esemplari anziani si presentano quasi completamente bianchi.

Questo cetaceo si nutre principalmente di calamari che caccia in profondità, infatti gli habitat ideali di questa specie sono i canyon sottomarini, abbondanti di calamari, amano quindi le acque profonde fino a 1000-1200 metri di profondità.

In Liguria, il grampo si incontra di solito in gruppi, formati in media da circa 10-15 individui, si possono però osservare anche gruppi più grandi formati da 25-30 esemplari e raramente si possono anche osservare animali solitari.

È un avvistamento piuttosto raro, personalmente ho avuto modo di osservarlo circa 3-4 volte in tutti gli anni in mare. Sappiamo che ci sono, ma sono difficili da trovare, inoltre gli avvistamenti di questo cetaceo hanno avuto luogo molto più spesso nel mare di levante nei pressi di Genova, rispetto al mare di ponente, vicino alla Francia, dove viene visto molto raramente: non è un cetaceo raro, ma probabilmente è molto bravo a nascondersi e spostandosi molto alla ricerca di cibo, risulta difficile trovarlo: Negli ultimi anni gli avvistamenti sono diventati più frequenti, il grampo sembra avere voglia di mettersi in mostra, infatti nella stagione di avvistamento 2023, è stato avvistato ben 8 volte.

Grampi in superficie

Come per gli zifi anche i grampi si depigmentano con l'età, ecco un anziano

Mamma con cucciolo

Due grampi sotto la superficie

Old and wise (vecchio e saggio)

Salto del grampo affianco alla barca

Grampo "salterino"

Un sorriso

Tonfo sull'acqua

Faccia a faccia col grampo

Grampi al tramonto

Una pinna luccica nel blu

Dettagli

Grampi in gruppo

7) La stenella striata (*Stenella coeruleoalba*)

La stenella striata è un delfino, può raggiungere i 2,5 metri di lunghezza per un peso di circa 160 kg, si tratta di un animale abbastanza piccolo.

La sua forma è riconducibile all'ideale "comune" di un delfino, rostro appuntito, pinna dorsale al centro del corpo, pinne pettorali piccole ed idrodinamiche.

Queste stenelle si chiamano appunto striate per la loro colorazione, infatti presentano una striatura, molto ben visibile che parte dall'occhio, percorre tutto il corpo dell'animale e raggiunge la coda, il resto del corpo appare grigio chiaro, mentre la pancia è bianca con alcune sfumature rosa.

Sono delfini pelagici, significa che vivono a largo, in acque profonde, cacciano in gruppo e si nutrono di pesce azzurro, come sardine ed acciughe, piccoli calamari e crostacei.

Le stenelle sono gregarie, si incontrano in mare in gruppi, in media composti da 20-30 individui, a volte possono essere più piccoli, 5-10 esemplari, molto raramente si possono incontrare esemplari solitari ed alcune volte si trovano gruppi molto numerosi formati da anche 100-120 delfini.

La stenella striata rappresenta l'avvistamento più comune che si può fare nel mar Ligure. Praticamente ad ogni escursione almeno un gruppo di stenelle decide di farsi trovare ed avvicinare dalla barca, si stima che almeno 10.000 individui di questa specie siano presenti nel mar Mediterraneo, facendone la specie più abbondante.

Quasi sempre le stenelle si avvicinano volentieri alla barca, interagendo attivamente, spesso saltano nelle onde create dal motore, surfano sotto la prua e a volte gareggiano in velocità con l'imbarcazione: questi delfini sono i più veloci del Mediterraneo, possono raggiungere anche i 65 km/h di velocità! Spesso regalano spettacoli favolosi giocando con la barca, a volte sbattono forte le pinne fuori dall'acqua oppure rimangono ferme in superficie per osservare cosa accade con l'avvicinarsi dell'imbarcazione, a volte invece saltano sfrecciando tutte in gruppo verso una direzione spostandosi rapidamente. Sono molto simpatiche da osservare, durante l'estate le stenelle danno alla luce i loro piccoli, non è difficile osservare mamme con piccoli nuotare insieme, a volte sono proprio appena nati! Si possono vedere sui loro corpicini i solchi tipici dei *newborns,* quando i delfini partoriscono diventano più schivi e protettivi nei confronti dei loro nati: infatti spesso i gruppi con all'interno piccoli, tendono a non avvicinarsi alla barca e rimangono più lontani evitando possibili pericoli, per proteggere la prole.

Questi delfini non possono sopravvivere in cattività, infatti sono stati fatti negli anni passati alcuni tentativi di cattura e mantenimento di questi delfini in acquario, ma gli esemplari sono sempre purtroppo morti, quindi l'unico modo di osservare questi bellissimi animali è proprio sulla motonave del *whalewatching,* nel loro ambiente naturale.

Fino ad alcuni decenni or sono, le stenelle striate si potevano incontrare solamente nell'oceano Atlantico, ma a seguito di una migrazione di questi animali, iniziata oramai molti anni fa, le stenelle sono entrate a far parte stabilente dell'ecosistema del mare Nostrum, a discapito di un'altra specie che descriverò successivamente.

Il nome "stenella striata" deriva appunto dalla sua colorazione che presenta questa evidente striatura che dall'occhio raggiunge il ventre del delfino

Le stenelle sono i cetacei più "appariscenti" del santuario infatti è comune vederle saltare, compiere acrobazie e giocare nelle onde create dall'imbarcazione

Le stenelle possono saltare molto in alto anche 5-6 metri sopra la superficie!

In competizione di nuoto con la motonave Corsara

Gara subacquea

Sotto la superficie

Gruppo numeroso

Spesso anche dopo l'avvistamento le stenelle continuano a seguire l'imbarcazione giocando nelle onde

Una mamma col suo piccolo fanno capolino di fronte alla mia macchina fotografica

Nell'ombra

8) Il tursiope (*Tursiops truncatus*)

Il tursiope rappresenta la seconda specie di delfino presente nel mar Mediterraneo, questo cetaceo è più grosso rispetto agli altri delfini, infatti raggiunge una lunghezza di quasi 4 metri, per un peso di 650 kg, la forma del corpo è allungata, la pinna dorsale è molto ben visibile e molto variabile da individuo ad individuo. Piccole differenze nella forma o segni particolari sulla pinna dorsale, rendono di facile identificazione i diversi individui di questa specie, è presente un rostro allungato e le pinne sono piuttosto corte circa 30-50 cm.

Questo delfino presenta una colorazione grigia sul dorso, mentre l'area della pancia risulta bianca.

Il tursiope si avvista in gruppi, generalmente non molto grandi formati da 5-10 individui, si possono però osservare assembramenti più numerosi di anche 15-20 individui e qualche volta capita di trovare anche individui solitari.

A differenza di tutte le altre specie di cetacei del mar Ligure, il tursiope è una specie tipicamente costiera, infatti l'habitat preferito da questo delfino sono le acque basse, vicino alla costa, lo si incontra appena fuori dal porto all'inizio o al rientro dall'escursione in mare.

Nelle acque basse, il tursiope caccia in gruppo collaborando, si tratta di una specie opportunista che si nutre di pesci, crostacei, molluschi e tutto quello che riesce a trovare.

Non è un avvistamento raro, durante la stagione si avvista regolarmente lungo le acque costiere della Liguria, ed è inoltre anche molto presente e diffuso nell'area del nord Adriatico.

Vicino alla barca questi delfini mostrano comportamenti alterni, a volte entrano nelle onde della barca e giocano saltando, dando spettacolo, mentre altre volte rimangono lontani, più schivi, immergendosi cercando di allontanarsi dalla barca.

Purtroppo la sua abitudine di sostare nelle acque basse, lo espone ad una serie di pericoli originati dall'interazione con l'uomo, il traffico navale, il rumore antropico e le attività di pesca, rappresentano un rischio elevato per questi animali, i quali sono sempre a contatto con questi elementi delle attività umane in mare.

Ho visto personalmente questi delfini venir accerchiati da barche di curiosi desiderosi di vederli in mare, spesso le persone non rispettano gli spazi e i tempi di approccio per questi animali e arrecano molto disturbo ai cetacei, che costretti a vivere in queste situazioni stressanti entrano in stati agitativi, mettendo a rischio la loro vita.

Inoltre questi delfini sono spesso detenuti in cattività, rappresentano la specie che più si osserva all'interno dei delfinari, si adattano alla vita in vasca e sono facilmente addestrabili, anche se vi assicuro che osservarli in mare nel loro ambiente naturale, è tutta un'altra storia.

Salto

Si osserva nel salto la dimensione nettamente superiore rispetto agli altri delfini

Dettagli

Mamme con cuccioli

113

L'habitat di questi delfini è rappresentato dalla zona costiera, è infatti facile incontrarli anche a pochi metri all'esterno dell'imboccatura del porto.

Tursiopi a caccia, appena fuori dal porto di Genova

Spesso i tursiopi si osservano colpire rumorosamente la superficie dell'acqua con la loro coda, il *tail slapping* che è appunto questo comportamento, sembra essere una forma sofisticata di comunicazione tra gli individui, anche se non è ancora chiaro quale sia il significato del messaggio.

Spesso i tursiopi sono molto più vicini di quello che crediamo

Spesso questa loro vicinanza alle attività umane porta grossi rischi, questa barca si sta dirigendo in modo completamente errato verso questo gruppo di delfini, gettandosi a tutta velocità contro gli animali, rischiando di spaventarli o addirittura ferirli; spesso le persone adottano comportamenti del tutto sbagliati e pericolosi nei loro confronti, sovente i tursiopi vengono disturbati e impauriti dagli esseri umani irresponsabili.

Questa foto non viene dal Mediterraneo, questo tursiope l'ho fotografato nel Corno D'oro ad Istanbul, in Turchia una delle tratte marittime più trafficate, caotiche e rumorose del mondo, nonostante questo, anche qui i tursiopi riescono a sopravvivere, ammetto di essere rimasto molto stupito di aver avvistato questi delfini in questo tratto di mare cosi colmo di pericoli e rumori, questo ci fa riflettere sull'importanza di conoscere e tutelare questi splendidi animali, da tutti i pericoli che noi purtroppo rappresentiamo per loro.

9) Il delfino comune (*Delphinus delphis*)

Il delfino comune rappresenta la terza specie di delfino che possiamo incontrate nel mar Mediterraneo, può raggiungere i 2.5 metri di lunghezza per un peso di circa 200-300 kg, la forma è molto simile a quella della stenella striata, anche se la pinna dorsale tende ad essere un poco più appuntita e il rostro è leggermente più lungo, il dorso di questo cetaceo appare grigio scuro tendente al nero, mentre sui lati dell'animale è visibile una macchia a forma di clessidra, dal colore giallo intenso.

A discapito del nome, questo delfino non è assolutamente comune nel Mediterraneo, anzi è molto raro: infatti alcune decine di anni fa, questa specie dominava l'habitat del mare Nostrum, ma a seguito dell'arrivo nel Mediterraneo delle stenelle striate dall'oceano Atlantico, il delfino comune ha iniziato un rapido declino, che ne ha segnato la quasi scomparsa, infatti le stenelle condividono la stessa nicchia ecologica dei delfini comuni, significa che vivono in modo molto simile e rispondono alle stesse esigenze ambientali, per questo le specie sono entrate in competizione e la stenella ha "vinto la gara" per cosi dire, eliminando quasi completamente tutti i delfini comuni.

È ancora possibile osservare questa specie e raramente all'interno di grossi gruppi di stenelle si possono incontrare alcuni individui di delfino comune; i pochi esemplari rimasti, non vivono in gruppo, ma si osservano associati alle stenelle, in modo da riuscire comunque a sopravvivere, nonostante il loro numero sia molto basso.

Personalmente in Mediterraneo li ho visti una o due volte, non sono mai riuscito a fotografarli, infatti le foto che vedete di questa specie non le ho scattate in Liguria, ma in Irlanda, al di fuori del Mediterraneo. Questa specie è davvero comune, è infatti il delfino più presente in tutti gli oceani del mondo, è molto facile incontrarlo in gruppi immensi anche di migliaia di esemplari, che si nutrono insieme alle balene di pesce azzurro, nel mezzo dell'Atlantico, nel mare Nostrum sono rari, ma al di fuori di esso, sono molto comuni e affascinanti da osservare durante la caccia o il nuoto veloce, le foto che vedrete le ho scattate durante un escursione di *whalewatching* a largo dell'Irlanda del sud, dove questa specie è presente ed estremamente facile da osservare.

E' ben visibile la macchia gialla sui lati del corpo, che contraddistingue questa specie

Nell'oceano Atlantico questi delfini regnano sovrani

In questa foto potete vedere alcuni delfini comuni davanti ad una balenottera, spesso negli oceani queste diverse specie si associano per molteplici scopi, i delfini surfano le onde create dal nuoto della balenottera e si spostano più rapidamente, inoltre, entrambe le specie si nutrono di pesce azzurro, i delfini seguono la balenottera in modo da poter catturare le loro prede più facilmente, nell'oceano Atlantico è facile incontrare delfini e balene che collaborano per nutrirsi, mentre nel Mediterraneo è un comportamento più raro.

10) Pesci, uccelli e rettili marini

Nonostante l'obbiettivo principale delle escursioni sia l'avvistamento dei cetacei, è davvero molto facile incontrare molti altri esseri viventi differenti dalle balene e dai delfini: navigando tra le onde capita spessissimo di avvistare vicino alla barca molti altri animali: pesci, rettili, uccelli marini e con un po di fortuna questi abitanti del mare si possono osservare per un tempo notevole.

Capita spesso di osservare le tartarughe caretta caretta, una specie molto comune nel mar Mediterraneo, che negli ultimi anni a seguito dell'aumento delle temperature dell'acqua, è divenuta ancora più presente e diffusa, la si incontra generalmente nei pressi della superficie, mentre si riscalda alla luce del sole, essendo un rettile necessita del calore per attivare il metabolismo. Molto raramente si può incontrare la tartaruga liuto, che è la specie più grande del mondo, può arrivare ad una lunghezza del carapace di anche 3 metri, nutrendosi esclusivamente di meduse! Personalmente ho avuto la grande fortuna di avvistarla una volta sola, nel 2016.

Spesso, navigando, si possono osservare dei piccoli movimenti in superficie, si tratta di tonni rossi, è facile vederli durante la caccia, mentre sfrecciano saltando anche fuori dall'acqua, per inseguire i piccoli pesciolini di cui si nutrono, è possibile anche osservare pesci spada, lampughe e squali, le verdesche sono le più facili da trovare, mentre in rare occasioni si possono trovare anche altre specie, come gli squali *mako*.

Non è difficile avvistare anche le mobule, le mante che vivono nel *mare Nostrum:* tra i pesci sono probabilmente i più affascinanti da vedere, il loro nuoto sinuoso è quasi ipnotico, sembrano fluttuare tra le onde blu, spesso anche i pesci luna si lasciano avvicinare alla barca, con la loro bocca aperta, sono molto curiosi e simpatici.

Oltre a tutto quello che nuota, si possono notare anche alcune specie di uccelli marini che tipicamente abitano il mar Mediterraneo, tra essi la berta maggiore e minore, uccelli che vivono tutta la loro vita in alto mare, tornano a terra solo per nidificare, possiamo incontrare le sule, volatili specializzati alla caccia sottomarina abilissime a tuffarsi per catturare i pesci dei quali si nutrono.

Si possono vedere inoltre gabbiani reali, corallini e in rare occasioni anche le pulcinelle di mare, graziosi uccelli piccolini dal becco arancione acceso.

Tartaruga caretta caretta

Caretta caretta accompagnata dai pesci pilota

Tartaruga caretta caretta

Nelle giovani carette sono ben visibili gli scudi ancora appuntiti, sono un meccanismo di difesa contro i predatori

Una libellula si riposa sull'antenna della motonave

La tartaruga liuto, la specie di tartaruga marina più grande del mondo, l'ho vista solo una volta nel 2016

Squalo mako

132

Le mobule o mante mediterranee si incontrano facilmente nel mar ligure, sono parenti degli squali e meravigliose da osservare mentre "planano" sotto il pelo dell'acqua

Mante che eseguono danza di accoppiamento

Pinna della manta fuori dall'acqua

Pesce volante in planata

Pesce luna

Quelle piccole gelatine che galleggiano vicino al pesce luna sono delle velelle, una specie di idrozoi, animali simili alle meduse, dei quali i pesci luna sono ghiotti

Pesce luna mentre cattura le velelle

Questo pesce luna nuota accompagnato da un piccolo pesce pilota, questi seguono spesso grossi animali marini come squali o pesci luna, dai quali ricevono protezione dai predatori e nel frattempo riescono a nutrirsi "rubando" loro qualche pezzo di cibo.

Un gabbiano tridattilo, tipico dei mari del nord, fa raramente visita in mar Ligure

Una sula, tipico uccello marino, è famoso per i grossi tuffi che compie per catturare il pesce di cui si nutre

Un gruppo di berte maggiori, si libra in aria, questi uccelli marini passano tutta la loro vita in alto mare, tornando a costa solo per riprodursi

Tonni rossi mentre cacciano assieme alle berte

Nel dicembre 2019 un gruppo di quattro orche un maschio due femmine ed un giovane, hanno fatto la loro improvvisa comparsa all'interno del porto di Genova, subito l'evento ha generato stupore e sorpresa, che si è trasformata a breve in preoccupazione, infatti grazie alla fotoidentificazione si è scoperto che il gruppo proveniva dall'Islanda, segnando il più lungo viaggio noto di orche, purtroppo gli esemplari si erano perduti e la loro fine non è stata positiva, dopo un lungo periodo di permanenza nel porto di Genova e la morte dell'individuo giovane i rimanenti si sono sperduti nel Mediterraneo per poi purtroppo morire, in altre occasioni alcune megattere ed una balena grigia provenienti dall'oceano Atlantico sono state avvistate nelle acque del santuario Pelagos; purtroppo non ho avuto occasione di fotografarle.

Conclusioni

Termino questa raccolta di fotografie con un'ultima immagine, la balena con il suo cucciolo: questa foto rappresenta per me un augurio, un augurio di un futuro per questi bellissimi animali, un augurio di poterli conoscere, proteggere, osservare per sempre nel loro ambiente naturale. Sapendo come questi animali vivono e come si rapportano alle attività umane, potremo proteggerli e, preservando questo patrimonio, saremo in grado di tutelare il mondo intero, per noi e per le generazioni future. Vi ringrazio di avere acquistato questo libro, spero che con le fotografie in esso contenute possiate avere un idea di quello che il mar Ligure può offrirci e di tutta la ricchezza che sta a noi preservare e poi chissà, un giorno, avrò anche il piacere di avervi a bordo della motonave Corsara per osservare davvero questi splendidi animali nel loro habitat naturale.